AF469707

INTRODUCTION
A LA
PHYSIOGÉNÉSIE,
EN FORME
DE LETTRE,

SUR les Prolégomènes d'une Théorie Naturelle de la génération, de l'entretien et de la destruction spontanées des corps organisés, et sur un nouveau Plan de Didactique-médicale-élémentaire.

ADRESSÈE

AU CITOYEN CHAUSSIER,

Professeur d'Anatomie - physiologique de l'École de Médecine de Paris, etc.;

Par F. F. J. MARRE,

Ancien Chirurgien de la Marine, et ancien Médecin des Armées.

A PARIS,

Chez l'AUTEUR, rue Nicaise, Maison de la Section.
Et Chez le C. GABON, Libraire, rue de l'École de Médecine;

Vendémiaire AN VII.

REMARQUES.

1°. On doit ici prévenir le public que cette lettre n'est point dirigée contre la personne du Citoyen Chaussier, Professeur médical, plein de mérite. Mais elle est uniquement destinée à ouvrir la lice entre la VÉRITÉ, trop généralement méconnue, et L'ERRORISME presque universel, qui enchaîne le génie, et lui interdit la connaissance des Loix de la génération des corps, et de l'harmonie de leurs actions organiques.

2°. φυσις —— γενεσις.
Physio —— Génésic.
Nature —— Génération.

Ce mot Physiogénésic remplacera dorénavant celui de Physiologie, qui n'exprime aucunement en lui-même, et qui ne pouvait conduire les Physiciens à la connaissance du QUOMODÒ naturel de la formation des choses.

AU CITOYEN CHAUSSIER.

CITOYEN,

LA connaissance des Loix de la Nature vivante et sensiblement animée, répandra un jour la vraie lumière sur toutes les sciences qui sont du domaine de l'Homme, sur lesquelles il conçoit encore bien des Doutes.

La Science dans laquelle vous êtes chargé de faire faire des progrès à vos Élèves, est l'*Alpha* des notions humaines naturelles. La Science de l'Organisme animal est celle qui tient de plus-près au Principe intellectuel, le seul Être d'ici-bas susceptible de CONNAITRE.

Convaincu que les Formes corporelles ne sont point des faits; que l'appréhension des divers modes de formes n'est que du domaine des Sens, qui ne raisonnent point, vous avez prononcé, avec raison, que la connaissance des formes n'était pas une Science. Vous avez été plus loin, vous avez dit que les corps organisés étaient dépositaires d'un PRINCIPE vital inhérent, auteur et régulateur des mouvemens, et conservateur de l'intégrité et de la belle ordonnance des parties organisées. Vous avez déja fait entrevoir que les Loix de la vie, soit végétale, soit animale, ne sont nullement, ou, au-moins pas uniquement mécaniques ni chimiques ; vous garantissez, par-là, vos Élèves des erreurs Boerrhaaviennes et trop matérielles.

Vous avez sagement provoqué les efforts du génie de vos Auditeurs, en leur affirmant que l'Anatomie n'est point portée à son plus haut dégré de perfection ; et vous avez clairement fait voir que l'ignorance, qui nous dérobe encore les secrets de la Nature, provient de ce qu'on s'est uniquement, ou au-moins presque toujours attaché à l'appréhension matérielle des formes cadavériques.

Vous avez, avec justesse, annoncé que le mot *Ana*-tomie ne signifiait pas primitivement, et dans l'intelligence de celui qui en a fait usage le premier, la division, la dissection pure et simple des parties d'un corps organique : votre exemple, tiré de Vitruve, qui emploie le mot Ana-tonus, pour exprimer l'effet d'un amphithéâtre où le son est augmenté, se trouve confirmé par les mots qui ont cette particule grecque *Ana*, toujours intensive, pour syllabe initiative. Mais, je ne puis convenir qu'il soit rigoureusement loisible de dilater assez la signification du mot *Anatomie* pour y faire entrer toutes les idées qui composent celle de la *Science de l'organisme animal.* Je comprends que *Tomie* veut dire dans sa racine *couper*, *diviser, disséquer*, et que le mot *Anatomie* n'est propre qu'à donner l'idée d'une division, d'une dissection régulière, méthodique, soignée, naturelle, exacte ; pour la distinguer de cette tomie ou section arbitraire des parties, de laquelle se servent les bouchers ; même pour la distinguer de la division variée et irrégulière à laquelle se sont bornés les premiers Anatomistes ou simplement Tomistes qui ne connaissaient pas ce qu'on appelle aujourd'hui l'Anatomie fine...... L'intensivité dont *Ana* est la caractéristique, peut bien augmenter la force significative, mais non pas la changer au point de la rendre méconnaissable.

Si d'aussi grands efforts d'une imagination voulante, ne tendaient en effet qu'à rapider l'acquisition des connaissances vraies, ils feraient croire qu'ils ne sont pas principalement dirigés pour assimiler et confondre la science spéculative avec la science pratique et manuelle. Ce but, très-légitimé, d'ailleurs, dans ce siècle, par les travaux courageux et distingués des Artistes, ne doit cependant pas les entraîner dans un extrême opposé à celui qui voulait tout séparer, tout distinguer, tout disjoindre, sous prétexte de tout caractériser. Car, vouloir tout confondre, tout assimiler, tout homogénéiser, même les incompatibles par essence; et vouloir tout spécifier, tout caractériser jusqu'aux individus les plus minimes ; c'est également vouloir aberrer auprès du vrai savoir.

Abandonnons ces voies toutes dissidentes de la Vérité, et ne nous attachons qu'aux points fixes, intimes; aux idées médianes ou centrales, auxquelles notre Intelligence peut mieux atteindre.

Vous nous avez déja fait pressentir que ce ne sera point à l'aide des notions mécaniques ou chimiques, que l'Homme saisira les modes d'existence, d'action et de réproduction dont les corps organisés paraissent les seuls susceptibles. Vous êtes remonté, à cet égard, jusqu'à nous énoncer vos idées sur l'essence des germes, qui, selon vous, contiennent tous les linéamens des corps organisés, et qui n'ont besoin, par conséquent, que de se développer.

Quant au mode d'accroissement, vous avez proféré qu'il se faisait par intús-susception, et vous avez formellement admis que la nutrition et l'accroissement consistaient dans une identification, une assimilation des substances alimentaires et excitatrices en substance propre de l'individu vivant.

Avant que vous ne hasardiez des conjectures, ou que vous ne répétiez nos devanciers à cet égard, je vais vous exposer, non pas des doutes, mais des faits physiques qui, même pour l'esprit non encore habitué à approfondir, balancent déja très-puissamment toutes les conjectures et les systêmes établis jusqu'à ce jour.............. Ayant, l'an passé, essayé de faire la critique du Systême Brownonnien exposé dans la Lettre de Riso, j'ai alors développé mes idées sur la Génération et l'entretien des corps. Je vas la copier telle qu'elle est, parce que ce rapprochement servira à mieux étayer mes principes.

PROLÉGOMÈNES

DE LA THÉORIE NATURELLE

Sur la Génération, l'Entretien et la Destruction spontanées des Corps, ou d'une Physiogénésie, pour servir de BASE *à l'Art de guérir.*

TOUT Être ne peut exister que dans trois états, tant en lui-même, que par rapport aux autres Êtres. Ces trois états sont:

1°. Celui d'INACTION, pendant lequel les Principes innés et générateurs des choses matérielles, attendent que leur action puisse se combiner avec une autre action relative et convenable à leur essence, qu'ils trouvent dans une matrice analogue à leur nature, et dont ils s'involvent: ou, lorsqu'après avoir opéré complettement leur action dans le Temps, ils rentrent dans le foyer dont ils étaient émanés. Cet état, quoique très-réel pour les Principes en eux-mêmes, est nul pour les corps et pour les sens corporels; il n'est parconséquent accessible que par l'intelligence.

II. Celui d'ACTION, pendant lequel les principes, adoptés par leur matrice immédiate, constituent ce qu'on appelle germe (1), et combinent leur actionnabilité avec l'action des causes extérieures. De cette combinaison résultent d'abord la conception; ensuite la végétation ou la croissance; enfin, la reproduction. Pendant cet état, qu'on appelle *vie* dans les corps organisés, et qui n'a pas encore reçu de nom plus extensif que celui d'existence pour les corps inorganiques; pendant cet état, dis-je, les principes générateurs se dépouillent de leur enveloppe séminale, et se produisent une enveloppe, un corps, l'animent par le moyen d'actions ou principes secondaires qui en émanent et soutiennent ainsi l'existence active de chaque molécule matérielle de leur substance propre.

III Celui de RÉACTION, qui, après la révolution naturelle appellée Mort, comprend

(1) La *Matrice* du Principe générateur est l'enveloppe matérielle qui nous parait sous les modifications dont l'ensemble nous présente l'idée du germe: les semenses des grains végètent ou germinent sans être placés dans la terre, qui n'est que leur matrice secondaire.

l'espace de temps que les principes particuliers et secondaires, disséminés dans chaque organe et dans chacune de ses molécules, emploient pour réagir contre les causes de destruction qui attaquent tous les corps et leurs émanations ou influences matérielles.

D'où il suit,

1° Que les Principes innés des corps, qui jouissent de la plénitude de leur loi, sont dans une action continuelle; laquelle consiste dans une émanation non-interrompue d'actions secondaires, ou de principes particuliers aux moyens desquels ils agissent sur tous les Êtres qui environnent leur enveloppe, ou qui, en la pénétrant, sont soumis à la puissance de son Organisme.

2° Que ces actions secondaires déterminent la manifestation des propriétés des parties des corps, et celles de leurs influences ou émanations matérielles.

3° Que ces actions secondaires, en réagissant contre les causes qui tendent à détruire leur enveloppe particulière, réactionnent ou excitent les Principes innés des corps vivans qu'elles pénètrent; que par ce moyen, elles influent sur eux, et les nécessitent à produire leur propre action, en leur servant d'alimens.

Une semence, un germe quelconque a besoin d'être placé dans un matras naturel (ou matrice secondaire) et analogue à son espèce, pour que le principe d'action qu'il contient, reçoive l'éveil de la vie et se produise une enveloppe corporelle conforme à la loi dont il est dépositaire : telle une Intelligence mathématicienne produit ou crée un ouvrage sur la Quantité, selon le genre qui la dirige. Le Principe d'action mis en éveil, produit et engendre les rudimens de son enveloppe corporelle à laquelle il donne les formes et les facultés essentielles et propres à la spécialiser : Telle une araignée trame sa toile afin d'arrêter et de contenir les corps volatiles qui peuvent servir à sa subsistance : Telle une abeille se construit une ruche dont les cellules sont destinées à recevoir les substances *élaborées*, disons mieux, émanées de son action, et modifiées selon sa nature, qu'elle doit y déposer.

Les rudimens de l'enveloppe corporelle, en forment les parties indigènes, essentielles et strictement parenchymateuses ; ils déterminent la nature, l'espèce, même l'individualité immuables de chaque corps ; et règlent selon la force et l'énergie de leur Principe, la structure et le ton des parties indigènes. Ces parties essentielles appellées constituantes, sont les enveloppes, les produits, les organes ou les instrumens de Principes subalternes qui émanent du Principe générateur, et qui président à chaque fonction. Elles jouissent d'une double faculté, en similitude de celle de leur Principe générateur, savoir, celle de détruire les formes des substances étrangères qui sont admises dans leur tissu par la circulation, et celle de produire des humeurs spéciales et propres à leur destination dans les corps qu'elles composent.

Aussi long-temps que l'enveloppe d'un Principe inné peut continuer le jeu de son organisation ; que ce Principe lui-même conserve son énergie ; que les parties indigènes et constituantes parviennent, par la supériorité de leur action à élaborer, ou mieux, *à défectionner*, dissoudre ou expulser les substances étrangères qui en parcourent le tissu ; la vie se continue : elle cesse, au contraire, dès que l'action des parties indigènes étant trop irrégulière ou interrompue, ne peut plus reprendre son ascendant, et que les substances étrangères ne sont plus ni défectionnées ni expulsées.

Voilà, en abrégé, le mécanisme de la vie, considéré uniquement comme produit de l'action du Principe inné et générateur des corps qui en jouissent.

Tel un Ouvrage littéraire est, en quelque sorte, l'enveloppe matérielle, le produit corporel et entier d'une seule idée génératrice et totale exprimée par l'énoncé du titre, tel aussi un corps vivant est la production matérielle d'un Être simple et immatériel, inné et générateur. De même que chaque section, chaque chapître du livre est le produit spécial d'une idée secondaire émanée de l'idée principale; de même chaque systême organique, chaque organe d'un corps est l'enveloppe particulière et engendrée d'un Principe secondaire ou dépendant du Principe général. Enfin, de même que chaque paragraphe, chaque phrase, et même chaque mot renferme une idée particulière dont elle est l'expression matérielle, et qui est liée et sous la dépendance de l'idée principale et génératrice du Livre; de même chaque partie organique, chaque fibrille, et même chaque molécule indigène contient un Principe propre qui en soutient l'existence, en détermine la forme et les propriétés, dont elle est l'expression naturelle et spéciale, et qui est sous la dépendance du Principe chef et régulateur.

La série innombrable des Principes générateurs innés d'un corps et de ses particules n'est donc pas plus étonnante ni moins admissible que celle des idées répandues dans un livre; et, de même que chaque idée est simple, indivisible, c'est à dire immatérielle, quoiqu'enveloppée d'une forme matérielle; de même, chaque Principe générateur inné d'un corps, et ceux de ses plus petites particules sont immatériels; enfin, puisque l'on conçoit clairement qu'une idée, quoique simple et immatérielle, produite immédiatement par un Principe intellectuel humain, n'est point pour cela intellective ou pensante; par une même conséquence d'analogie, les Principes générateurs des corps et des parties des corps, médiatement émanés du PRINCIPE intellectuel suprême, sont des êtres immatériels non-pensans.

Il faut d'autant plus s'exercer, par la contemplation, dans l'étude de ces Principes générateurs de la matière des corps, que leur admissison est indispensable pour concevoir les loix de la vie sensible, et la faire distinguer de la force mécanique à laquelle le savant vulgaire veut la réduire, et de la vie intellectuelle sur laquelle on n'a pas moins répandu le doute et l'erreur.

Ceux qui ont peine à concevoir la nécessité d'un Être immatériel, Principe inné et générateur des corps, comme cause de la Matière, de la variété de toutes ses dispositions intérieures et extérieures, et de ses différentes propriétés, selon les espèces, devront cependant admettre, avec les Brownonniens, la nécessité de réactions ou d'excitations pour l'éveil de la vie dans toutes les semences, et pour l'entretenir dans les corps vivans. Or, ces excitations ne pouvant impressionner que des Êtres impressionnables, à quelle autre cause qu'à un semblable Principe pourront-ils attribuer les facultés de rendre excitables toutes les semences et les corps vivans? Car, dire simplement avec les Brownonniens que,

» *le corps vivant n'existe pas par lui même,*
» *mais par une propriété qu'ils appellent*
» EXCITABILITÉ, *de laquelle il reçoit un prin-*
» *cipe de vie, pourvu que les forces exté-*
» *rieures soient prêtes à agir sur lui; n'ad-*
» *mettre qu'une force simple, indivisible,*
» *propre à tous les êtres vivans, et produite*
» *par l'action du stimulant sur l'excitabi-*
» *lité, et que cette force est le principe de*
» *toutes les fonctions immédiatement appar-*
» *tenantes à l'économie animale, en dis-*
» *tinguant les cas où d'autres causes con-*
» *courent à leur perfection:* »

C'est dire à-la-vérité,

1°. Que la force ou le Principe de vie en qualité d'Être simple et indivisible, est par-conséquent immatériel;

1°. Que cette force étant le principe de toutes les fonctions, elle est aussi productrice et génératrice de toutes les dispositions organiques d'où dérivent les facultés des parties pour exercer leurs fonctions particulières;

3°. Que l'acte, ou la fonction appelée *accroissement*, sur lequel sont encore répandues d'épaisses ténèbres, etant réellement *une fonction immédiatement appartenante à l'économie* vivante, doit provenir de la même force.

Mais, c'est errer, ou au-moins, être très-inexact, que de dire que « ce Principe de « vie est le produit d'une excitabilité mise « en jeu par un stimulant; que cette force » vitale, simple et indivisible, est produite par » l'action du stimulant sur l'excitabilité; » puisque l'excitabilité ne peut être la propriété que d'un Etre préexistant et essentialisé excitable.

Car, toute modification d'un Etre quelconque ne peut exister avant lui, encore moins le produire; et cependant, les Brownoniens tombent dans ce paralogisme *matériel*.

Il n'est pas présumable qu'ils puissent soutenir que l'action du stimulant produise le principe vital, simple et indivisible; puisque si, dans un cadavre, il ne se trouve plus d'excitabilité, il faut opter de penser, ou que ce principe en s'échappant du corps lui enlève toute susceptibilité d'excitabilité; ou que l'excitabilité ayant une fois cessé, le principe de vie se trouve anéanti lui-même.

Ce qui pourroit faire croire que les Brownonniens sont de ce dernier avis, c'est qu'il est dit, *p.* 14 de la lettre de Riso, que « le » gaz oxigène USE très-promptement le Prin- » cipe vital..... L'excès dans les alimens et les » boissons spiritueuses énervent et *détruisent* » le principe vital.... *Pag.* 15 : La sobriété, au » contraire, prolonge la vie en USANT moins » vite le principe vital.... *Pag.* 17 : L'abus des » alimens et des liqueurs spiritueuses, les » passions trop exaltées, les veilles, le luxe » et la débauche, énervent également le corps » et produisent des maladies beaucoup plus » graves que celles qui affectent ordinaire- » ment la classe pauvre : cependant elles pro- » viennent également de la CONSUMATION du » principe vital...... *Pag.* 45 : Les Peuples de » la Zône-Torride, ne pouvant se dérober à » l'excitant continuel de la chaleur, tombent » dans la faiblesse indirecte, et CONSUMENT » le Principe vital ; ils meurent avant de par- » venir à la vieillesse. »

En effet, ces idées de la CONSUMATION, de la DESTRUCTION du Principe vital, font de ce Principe un Être de raison, et ne le présentent à l'esprit sous aucun rapport RÉEL, et parconséquent, aucunement saisissable. Cependant, comment accorder selon les loix de la Logique que, *pag.* 8 *ibid.* « tout corps » vivant n'existe pas par lui-même, qu'il n'a » pas au dedans de lui un fondement de vie » propre et précis ; et que, *p.* 29, Brown, » en établissant en quoi consiste présisément » la vie, et en admettant qu'une force simple, » indivisible propre à tous les êtres vivans, » et reproduite par l'action du stimulant sur » l'excitabilité, trouve, dans cette force, le » principe de toutes les fonctions immédia- » tement appartenantes à l'économie animale, » en distinguant les cas où d'autres causes » concourent à leur perfection?...... » Je ne prétends pas révoquer en doute que les esprits Anglais, Turcs, Allemands ou Italiens comprennent ou se satisfassent d'une semblable logie ; mais je ne crois pas qu'en France, on puisse concilier « qu'il y ait une force simple » indivisible, PROPRE à tous les Êtres vivans ; » et que les corps vivans n'aient pas au de- » dans d'eux.mêmes un fondement de vie » *propre* et précis...... Qu'il y a une force

» simple, indivisible, PROPRE à tous les Etres
» vivans, et que cette force est produite (et
» constamment reproduite la même) par l'ac-
» tion (variée et souvent opposée) des forces
» externes. »

Il est donc nécessaire, pour rendre en France, plus réellement intelligible ce en quoi consiste la vie et toutes ses modifications, tant dans l'animal que dans le végétal, et tant en état de santé qu'en état de maladie, d'admettre dans les corps un Principe pré-existant à toute action de stimulant, et par conséquent inné et générateur. . . . . . . Que le génie français, fatigué enfin de ramper dans l'ignorance et dans l'erreur, parvienne bientôt à démontrer la supériorité de sa marche et la profondeur de ses recherches dans la science Physiogénésique, il y soumettra l'intelligence des autres Peuples !

Nous concevons donc 1°. qu'une semence contient un germinateur, ou un Principe inné dépositaire de toutes les propriétés et de toutes les causes des effets qu'il doit produire ;

2°. Que ce Principe germinateur a besoin d'être réactionné par une cause extérieure ignée, dont la chaleur le mette à portée d'agir sur tous les Êtres corporels qui l'environnent;

3°. Enfin, que ces Êtres corporels environnans, pénétrant l'enveloppe d'un principe l'aiguillonnent, l'échauffent, l'excitent et le disposent à soutenir l'action des causes externes et destructives, et à manifester ses propres fruits et ses propres vertus; qu'ils augmentent, par réaction, les forces des corps vivans, et les soutiennent contre la réaction universelle et continuelle du Principe extérieur igné; qu'ils les garantissent de l'excès de cette action ignée qui, combinée avec l'action du Principe inné, dévore et dissout successivement ces êtres alimentaires, comme elle dissoudrait, sans eux, le corps vivant lui-même; qu'ils peuvent enfin contribuer par leur propre réaction à la manifestation des facultés des Principes innés et à leur faire mieux opérer leurs productions; mais que jamais ils ne font partie de leur essence, ni ne deviennent les causes efficientes de leurs propriétés spéciales.

Pendant qu'un corps quelconque vit, ou existe dans la plénitude de sa Loi; que son Principe générateur et inné, jouit de sa force, soutient l'intégrité de son enveloppe corporelle; il résiste aux causes qui tendent sans cesse à détruire cette intégrité et à lui faire abandonner son enveloppe. Dans cette supériorité, le Principe anime son enveloppe, en dirige les mouvemens et opère tous les actes de l'existence active. Lorsqu'il a résisté autant que sa force génératrice et dimanante le lui a permis, il est enfin contraint d'abandonner son enveloppe. Alors les Principes particuliers des molécules organiques de cette enveloppe corporelle n'ayant plus de lien entr'eux, et n'étant plus contenus ni dirigés dans leur action, font effort pour rejoindre le Principe dont ils sont émanés, et pour sortir de leur enveloppe particulière dont la dissolution ne tarde pas à s'opérer; surtout, si la cohésion de leurs particules est faible, ou si elles sont soumises à l'action digestive, animale, ou à quelqu'autre cause de destruction. Dans ce cas, les Principes secondaires qui entretiennent la cohésion des particules alimentaires, faisant eux-mêmes efforts pour rompre leurs liens, réactionnent et agacent le Principe inné et actif qui les a reçues dans son enveloppe vivante, y déployent une chaleur analogue à celle de la fermentation, de la putréfaction, d'où s'ensuit la dissolution de leurs enveloppes particulières; et de cette manière, ils nécessitent le Principe vital à déployer à son tour une chaleur et une action supérieures à la réaction qu'il éprouve de leur part. C'est ainsi que les principes secondaires des corps privés de leur Principe générateur, deviennent les excitateurs, les réacteurs, les provocateurs de Principes d'autres corps auxquels ils servent d'aliment ou de stimulant.

Les alimens reçus dans un corps vivant, y sont bientôt broyés, divisés et imprégnés des sucs que chaque organe prépare pour remplir sa fonction à l'égard de ces alimens; ils sont bientôt atténués au point qu'ils circulent et traversent les réseaux indigènes de toutes les parties; ils en remplissent les interstices, en soutiennent les parois forment l'embonpoint, réactionnent et mettent en jeu leur sensibilité et leur irritabilité, nécessitent les mouvemens organiques, et servent ainsi pendant quelque temps de causes secondaires de la vie jusqu'à ce que leurs principes particuliers s'en soient enfin échappés et ne laissent que des débris informes qui se dissolvent.

Les principes secondaires qui soutiennent l'existence et la forme de leur enveloppe particulière etant parvenus à s'en échapper, tant par les efforts qu'ils font dans les mouvemens spontanées qu'ils produisent que par l'activité des causes de leur propre destruction qu'ils réactionnent; la livrent à l'action de ces causes, qui, chez l'animal, en forme le véhicule fécal de ses excrétions salutaires.

Lorsqu'au contraire les Principes réacteurs et étrangers conservent et défendent la cohésion de leur enveloppe particulière contre l'action du Principe vital du corps qui les reçoit, au point que leur réaction est trop vive, ou que la dissolution de leur enveloppe est trop longtems retardée, ou enfin que ces enveloppes recèlent des principes germinateurs vermineux, virulens, délétères ou autres, ils excitent trop fortement le Principe vital; celui-ci s'irrite de leur présence, produit des mouvemens irréguliers et désordonnés par lesquels il fait des efforts pour excréter dans un état de crudités ces enveloppes rebelles qu'il n'a pu défectionner et dissoudre. C'est ainsi que dans le cours des fièvres, ou générales ou locales, il se fait des excrétions de crudités

crudités, ou de miasmes contagieux; parce que les forces du Principe vital n'ont pu dissoudre les enveloppes de leurs principes, et qu'ils ont conservé leur forme et leurs propriétés. C'est aussi pourquoi les bons praticiens ont observé qu'à l'époque de la terminaison heureuse des maladies longues ou aigües, on pouvait s'assurer de la guérison à l'apparition d'excrétions bien cuites et naturelles, qui témoignent et que le corps s'est débarrassé des crudités et des substances étrangères qui avaient excité l'état malade; et que les excrétions portent le caractère des humeurs émanées d'organes rétablis dans la plénitude de leur action.

La nécessité de reconnaître que les corps sont assujettis à une double Loi d'Action de la part de leur Principe inné, et de Réaction ignée tant universelle que particulière, nous conduit naturellement à faire l'analyse des rapports de l'Action des Principes innés et générateurs, et celle des rapports de la Réaction des forces externes sur ces Principes.

Rapports principaux sous lesquels il faut considérer l'action des Principes innés et générateurs des corps.

S'il est indispensable de la part des Médecins de constater que le Principe générateur inné de chaque corps a besoin d'être réactionné, tant pour entrer en action que pour la continuer, il leur est également nécessaire de se convaincre que ce Principe inné, en sa qualité d'actif et de générateur

1°. est seul le producteur, le créateur immédiat du tissu indigène de son enveloppe corporelle;

2°. qu'à l'aide de principes particuliers, qu'il dissémine dans son enveloppe, il détermine, règle et ordonne la forme, la structure et la fonction de toutes les parties qui composent cette enveloppe;

3°. enfin, que cette puissance féconde de chaque Principe générateur est le mode immatériel et le seul possible à assigner pour rendre clair à concevoir le mécanisme de la fixation invariable des essences, des classes, des genres, des espèces, et même de l'individualité particulière à chaque Être.

DÉVELOPPEMENT
du premier Rapport.

La faculté attachée à chaque Principe générateur de produire son enveloppe corporelle, ne s'étend point jusqu'à en varier toutes les dimensions qui peuvent ne dépendre que de la quantité des substances alimentaires accumulées dans les interstices du tissu essentiel qui constitue et spécialise chaque individu. Elle consiste uniquement dans la production de ce tissu essentiel, par lequel le végétal diffère de l'animal, le muscle de l'os, le nerf d'un vaisseau sanguin ou lymphatique, etc.

Quiconque veut ne pas se payer des mots avec lesquels les Auteurs de systêmes parviennent souvent à étourdir l'intelligence avide et crédule; est fatigué de l'étude des romans scientifiques que l'on a faits sur la Nature, et a réfléchi sur le mot très-usité GÉNÉRATION, n'aura pas de peine à comprendre qu'il exprime l'action d'Êtres générateurs et producteurs. Or, ces Êtres générateurs et producteurs de la Matière essentielle de chaque corps, ne peuvent pas être eux-mêmes matériels; puisque si l'on admettait une pareille absurdité, ce serait retomber dans le cercle vicieux dans lequel tournent sans cesse les Matérialistes qui veulent que la Matière soit homogène et redevienne sa cause à elle-même.

Quiconque aura voulu comprendre le mode *physique* ou réel de la formation, de la croissance et de la destruction des corps, et qui se sera donné le temps de péser la valeur des systêmes avancés et reçus à cet égard, se trouvera bientôt forcé de les rejetter tous, et, par suite, il se rapprochera de l'idée du mode de production des Principes générateurs et innés des corps.

En effet, le systême d'assimilation des alimens à la propre substance du corps qui s'en nourrit, et celui du développement des germes, sont les seuls possibles à *excogiter* par l'imagination des Physiologistes, et sont également absurdes. Mais, afin de ne laisser aucun doute à cet égard, nous allons suivre le mécanisme et les conséquences possibles de ces deux systêmes, pour en démontrer la nullité.

La plupart des Physiologistes ont écrit et répètent encore aujourd'hui que la matière des alimens digérée, chylifiée, sanguinifiée, etc., s'assimile aux diverses substances qui constituent essentiellement le corps vivant, et vient recomposer ou réintégrer les fibres osseuses, musculaires, etc. ainsi que les follicules des viscères et des glandes, dont le jeu organique et les excrétions entraînent continuellement des portions qui, selon eux, forment, avec les féces des alimens, la matière des pertes que les corps vivans éprouvent journellement. Ils ajoutent même, par une propension conséquente à l'erreur, que, par cette assimilation, la matière alimentaire s'applique à l'extrémité des fibrilles, ou s'interpose dans leurs cellules où elle s'identifie, et en produit ainsi l'accroissement par intus-susception.

Mais, indépendamment qu'un semblable mode d'accroissement, soit par dilatation, écartement des porosités ou intus-susception, soit par juxta-position, adhésion, et transformation identique quelconque, exclûrait le mode de production et de génération proprement dite, il présente dabord une opposition directe au mode du développement; ensorte qu'en admettant l'un, il faut rejetter l'autre; et de plus il implique contradiction en lui-même; comme on va le voir dans le Dilemme suivant.

Ou la matière alimentaire, en s'assimilant à la substance propre du corps qu'elle nourrit, conserve, avec les principes qui la constituent et la caractérisent, les propriétés qui en émanent; ou, en s'assimilant, elle reçoit, avec des principes constitutifs nouveaux, des propriétés aussi nouvelles et analogues à l'Être qui s'en nourrit.

Or, 1°. si la matière alimentaire, en s'assimilant, conservait, avec les principes qui soutiennent et modifient son existence, les propriétés qui en dérivent, il deviendrait facile de faire perdre à un Être vivant, et, par suite d'expériences continuées, à chaque espèce particulière, ses propres principes et toutes ses propriétés spéciales, en leur substituant les principes et les propriétés de diverses substances qu'on lui appliquerait en aliment. On parviendrait, par ce moyen, à dénaturer tellement les individus et les espèces, que la confusion qui en résulterait empêcherait de distinguer sûrement le rang et la classe auxquels ils appartiendraient. Mais la Nature ne condescend jamais à des tentatives aussi vaines que l'homme irréfléchi et téméraire peut faire pour parvenir à se nier à lui-même qu'il existe des essences immuables et incommunicables. La présence d'un Principe générateur inné des corps et dépositaire de leurs Loix formera toujours une barrière invincible à ces transmutations d'essences.

Et, si nous observons que ce Principe étend quelquefois son action au-delà de la mesure ordinaire, nous attribuerons cette extension d'action, et aux impressions plus favorables ou plus vives sur son enveloppe, et à un plus haut dégré d'énergie dont il est doué; mais nous nous garderons bien d'en conclure que ce Principe inné, ni même son enveloppe, tant qu'elle est vivante et saine, puissent jamais perdre, ni changer leur essence.

Si, dailleurs, la matière alimentaire conservait ses principes constitutifs avec ses propriétés spéciales pendant son séjour dans le corps qui s'en nourrit, il ne se ferait point de véritable assimilation.

Parconséquent, la matière alimentaire ne peut s'assimiler à la substance du corps qu'elle nourrit, en conservant, avec les principes qui la constituent, les propriétés qui en émanent nécessairement. Passons à la seconde partie du Dilemme.

Si la matière alimentaire, en s'assimilant, pouvait recevoir, avec de nouveaux principes constitutifs qui la *diversimodiassent*, de nouvelles propriétés analogues à l'Être qui s'en nourrit, il faudrait qu'elle pût exister, aumoins un instant, sans aucun soutien caractérisable de son existence, qu'elle redevînt, pour un instant, *inanis et vacua*, parfaitement immodifiée et toujours *diversimodiable ;* c'est-à-dire, qu'il faudrait qu'elle conservât dans cette nullité absolue de modification l'aptitude à recevoir indifféremment toutes celles qui sont propres à l'essence du corps quelconque qui puisse s'en nourrir. Mais il est impossible de comprendre, et parconséquent de soutenir que la matière puisse exister, même un instant, dans une nullité de modification; donc, la matière alimentaire, en s'assimilant, ne pourrait recevoir, avec de nouveaux principes, de nouvelles propriétés analogues à l'Être qui la dévore ; donc la matière alimentaire ne peut être assimilée à la substance propre du corps qui s'en nourrit ; donc, le mode d'assimilation inventé pour expliquer la réparation des pertes de substance, et pour fournir à l'accroissement est absolument nul et impossible.

On m'objectera peut-être ici que les Physiciens ayant reconnu une infinité d'analogies entre le règne végétal et le règne animal, ont été conduits à les réunir en une seule classe d'Êtres, qu'ils ont appelés organisés, par opposition aux corps du règne minéral qu'ils ont reconnu inorganisés; que l'observation prouve que ceux-ci ne peuvent jamais servir d'alimens aux corps organisés et vivans; que les analogies, peut-être même, que les similitudes entre les animaux et les végétaux les rendent uniquement propres à se servir réciproquement d'alimens et de causes de la vie, et qu'enfin la matière organisée soit végétalement soit animalement, ne doit perdre ni ses principes organisateurs, ni ses propriétés, quoiqu'elle passe alternativement de la constitution végétale à la constitution animale, ou *vice versâ*.

Cette objection tombe d'elle-même quand on veut se rappeler que les différences spécifiques de la plante avec l'animal, d'une plante avec une autre, comme des animaux entr'eux, interdisent toute homogénéabilité dans les caractères de leurs essences matérielles ; quand on se rappelle le soin avec lequel les Naturalistes s'attachent à constater les différences spécifiques de chaque espèce d'Êtres et même de chaque individu, tant il est vrai que la Nature s'oppose elle-même à ce que les observateurs ne confondent ses essences différentes ; quand on veut se représenter que les corps organisés et vivans ne se nourrissent que de corps morts ; que les corps morts se détériorent, se dégénèrent successivement et d'autant plus rapidement, qu'ils sont soumis à des actions plus destructives, telle qu'est l'action digestive des animaux ; que cette dégénération successive est le mode naturel de l'abandon que les Principes générateurs des corps font de leur enveloppe, et celui de leur annihilation ou mieux de leur rénihilation ; que la détérioration graduelle des substances mortes est le mécanisme de cette rénihilation ; et qu'enfin parvenues à la nullité de modifications ou d'existence, elles ne peuvent réconstituer d'autres corps vivans, et redevenir actives sans recevoir de nouveaux principes, régénérateurs; ce qui est démontré impossible. (1)

Cependant, la matière alimentaire répare les pertes journalières qu'éprouvent les corps vivans; mais il faut distinguer, et cela est facile, le genre de pertes que cette matière alimentaire, toujours étrangère aux corps qui en reçoivent les réactions, est capable de réparer. Or, ces pertes qui se font par les excrétions, sont composées d'une partie de matière alimentaire défectionnée par les organes, et d'une partie du produit de chaque organe producteur de son humeur particulière; l'urine, par exemple, est composée du phlègme introduit dans le corps sous la forme d'alimens liquides, et du produit humoral spécial des organes, délayé, entraîné par ce phlègme, et porté aux reins qui y ajou-

(1) On doit ici faire remarquer aux observateurs quelle est leur contradiction quand ils avancent que la matière est homogène ou homogénéable; tandis qu'ils font les plus grands efforts pour apprécier ses différences spécifiques dans chaque classe d'Etres sans pouvoir assigner aucune cause probable à ces différences.

tent encore leur produit particulier qui provient de leur faculté uropoïétique ; de même la matière alvine est composée des féces de la matière alimentaire, qui n'ont pu être filtrées par les absorbans lactées, et des produits stomachiques, intestinaux, bilieux, pancréatiques, graisseux etc., qui sont continuellement formés dans leurs organes respectifs, et qui, comme des fruits ou des résultats de leur fonction particulière s'échappent du corps lorsqu'ils y ont produit les effets auxquels ils étaient destinés. Si donc il faut de nouveaux alimens pour produire de nouvelles féces alvines, de même il faut que la matière alimentaire filtrée, défectionnée, et ensuite excrétée par les divers organes, soit renouvellée. réparée par un autre aliment ; d'où il suit que l'aliment est un moyen continuel, quoique successif, d'excitation et de réaction dont les corps vivans ont besoin pour l'exercice de leurs fonctions, et que dans cette réaction il ne leur communique ni ses principes constituans, ni ses propriétés, ni même sa matière pour composer leur substance, puisque l'aliment n'est profitable au corps vivans qui les reçoit qu'autant que celui-ci en opère la dissolution ou l'excrétion.

Avant de passer outre, il est à propos de s'arrêter un moment sur ce mot *Animalisation*, que les physiologistes emploient pour exprimer, à leur façon, l'effet de l'action vitale sur les alimens. Mais cette prétendue *animalisation* n'étant que supplétive au mot assimilation, nous appliquons à l'une et à l'autre ce que nous venons de dire. D'autres se servent des mots *élaboration*, *coction*, etc. Mais, afin de fixer les idées d'une manière claire et positive à cet important égard, nous ramènerons toutes ces dénominations au travail organique sur la matière alimentaire, et nous dirons que ce travail consiste à décomposer cette matière, ou à en faire l'excrétion, si elle résiste à son activité dissolvante, et à joindre à ces débris alimentaires les produits ou émanations des organes qu'on appelle le plus souvent Humeurs.

Après avoir prouvé que l'accroissement des corps ne s'opère point par voie d'assimilation de la substance alimentaire, il n'est pas inutile de fixer ici l'attention sur le mécanisme et la réparation des pertes de substances.

Il sera de règle générale pour ceux qui voudront trouver les loix de l'Économie vivante, de prendre toujours en elle-même la preuve du mécanisme que l'on cherche. Nous considérerons donc la perte de substance comme l'intervalle qui se trouve dans le Fœtus, et même dans l'enfance entre deux portions osseuses qui doivent s'unir. La nature place dans l'un et dans l'autre cas une substance molle et facile à être pénétrée par les sucs circulans; tandisque les principes générateurs des parties étendent les filamens de leur trame au travers de cette substance intermédiaire, lesquels filamens parviennent à s'engrener les uns dans les autres, se compriment et forment enfin une union, appellée cicatrice à la suite des plaies, calus à la suite des fractures, suture et harmonie à la rencontre des os de la tête, et qu'on peut appeller symphise entre le corps des os longs et leurs épyphises. Des praticiens se sont attachés à prouver qu'il ne se fait point de régénération proprement dite de la portion enlevée par la perte de substance; l'organisation d'une cicatrice, d'un calus, d'une suture et d'une symphise diffère, selon la nature et l'état des parties qui s'unissent. Mais le mécanisme qui consiste dans un surcroît de génération de la part des fibrilles qui doivent s'engrener est généralement le même. et il exclut toute adoption de matière alimentaire, et parconséquent étrangère pour remplacer les parties enlevées; enfin, s'il n'y a ni régénération des parties perdues, ni remplacement de la part de la matière alimentaire, il reste donc à admettre la génération, la production d'une substance à la vérité vivante sous les loix générales du corps auquel elle appartient, mais qui n'est qu'une extention de la faculté du principe inné violemment réactionné en cette partie, c'est à ce mode de génération, qu'on peut appeller *indéterminé*, que l'on doit rapporter la formation des chairs baveuses qui couvrent les ulcères, celle des champignons cancereux, etc.

Cette faculté de génération inhérente aux principes innés des corps sera encore reconnue plus nécessaire, lorsqu'on verra avec évidence l'impossibilité physique du systême du développement.

Des physiologistes, empressés de construire

un système matériellement vraisemblabe, fut-il hypothétique et dénué de preuves, ont imaginé, pour expliquer la naissance et l'accroissement des corps, qu'ils existaient tout-entiers dans leurs germes, et qu'ils ne faisaient que se développer.

Mais, premièrement, ces mêmes physiologistes admettant le mode du développement pour celui de la croissance des corps, devraient entièrement rejetter les idées d'assimilation et d'animalisation que nous avons combattues plus haut; parce que les germes ne faisant que se développer, il faudrait qu'ils aient en eux toutes leurs parties, et que s'ils avaient en eux toutes leurs parties, ils n'auraient pas besoin que des substances alimentaires et étrangères s'assimilassent à leur essence pour former leur substance propre.

Secondement, si le mode de développement avait lieu, il n'y aurait point d'êtres irréguliers et difformes, puisque tout aurait été uniformement et régulièrement prédisposé, et en outre si ce mode avait lieu, l'Auteur des choses n'aurait plus rien à faire. Or, ceux qui sont capables de prendre du Principe premier l'idée qui lui convient, ne pourront croire qu'il puisse, ni lui, ni tout ce qu'il a produit, demeurer dans l'inaction.

Troisièmement, si la production et la croissance des corps se faisaient par développement, quand le développement d'un corps serait complettement achevé, comme dans l'homme adulte, une perte de substance faite dans une partie serait irréparable ou irréproductible, car, si elle était réparable, ce serait par le moyen de l'assimilation d'une matière alimentaire; or, nous avons prouvé l'impossibilité d'un semblable moyen; et si elle était réproductible, ce ne pourrait être que par la faculté génératrice du Principe inné dont nous exposons la nécessité. En effet, dans les plaies avec perte de substance, il se fait une réproduction qui part de tous les points de la surface de la plaie, et on n'apperçoit point que la croissance de cette production est plus lente dans la portion inférieure d'un muscle dilacéré, par exemple, que dans sa portion supérieure ou médiane: si cependant le développement avait lieu, cette réproduction ne pourrait être égale dans tous les points de la plaie.

Mais il existe une faculté végétative dans tous les corps vivans, en vertu de laquelle se font les réproductions, à la vérité informes, qui remplacent les portions de la substance perdue.

Quatrièmement, le mode de développement présente à l'idée une continuité nécessaire depuis le point radical d'une fibrille jusqu'à l'extrémité de la dernière ramification de toutes les parties des corps. Mais, ni dans le végétal, ni dans l'animal, on n'apperçoit une semblable continuité ; au contraire, on apperçoit partout autant de centres de productions, qu'il y a non seulement de parties de différentes textures, mais encore autant qu'il y a d'individus de la même structure. Chaque os, même chaque partie d'os a un centre particulier de génération qu'on appelle centre d'ossification ; il en est de même de chaque muscle, de chaque fibrille de muscle, de chaque viscère, de chacune de leur follicule, enfin si l'on veut aller plus loin, on verra qu'il n'existe pas la plus petite molécule de substance vivante qui n'ait son centre particulier de production individuelle ; d'où il est impossible d'admettre aucune continuité dans les corps, ni dans les parties des corps, ni parconséquent , le mode de développement.

Une expérience facile à répéter, et qui est bien propre à convaincre qu'il n'y a point de développement dans la croissance des corps, consiste à détacher, en arrachant de haut en bas, des petits rameaux d'une branche d'arbre. On apperçoit manifestement que chaque rameau n'est qu'appliqué contre les fibres ligneuses de la branche, et que les fibres ligneuses qui la composent et forment le point de son contact à la branche, ne sont nullement continues à celles de la branche; l'on apperçoit à la simple vue un centre particulier de production et de croissance dans l'intérieur de la racine du rameau; et il en est de même pour chaque ramification, chaque feuille, chaque fruit, et enfin pour chacune de leur particule, comme il en a été de même pour les premières branches. Après avoir constaté l'existence de cette infinité de centres de productions pour chaque particule d'un corps vivant, peut-on encore soutenir l'idée du développement?

5°. Enfin, l'idée de ce développement, ne présentant rien d'actif par soi-même, aucune vertu innée, vivifiante et génératrice dans les

Êtres vivans, comment servirait-elle à expliquer tous les phénomènes de leurs fonctions intérieures et de leurs manifestations extérieures ? L'absurdité du systéme des sécrétions, reçu par les Physiologistes, convaincra combien ils se sont éloignés de la Vérité, en inventant des expédiens par lesquels ils ont voulu la remplacer.

Maintenant, si les systêmes de l'assimilation de la Substance alimentaire à la substance propre des Êtres qui s'en nourrissent, et celui du développement des germes, également inventés pour expliquer la formation et la croissance des corps, sont les seuls imaginables pour les Physiologistes, et ne peuvent plus soutenir le moindre examen : si les germes ne contiennent point en eux toutes les parties des corps, et si les corps ne peuvent admettre la matière alimentaire dans la composition de leur substance, il est donc démontré qu'il est nécessaire que les corps soient les produits particuliers de Principes innés et générateurs.

Maintenant, nous pouvons, avec certitude, reconnaître que la matière indigène et propre des corps n'est que la production de leurs Principes, et nous ne pouvons plus faire d'ultérieures recherches sur les Loix qui dirigent cette matière, sans les puiser dans son Principe producteur, qui en est le dépositaire.

Maintenant, nous distinguerons la matière d'avec son principe, qui est l'unique agent de ses formes et propriétés.

Maintenant enfin, nous pouvons donc reconnaître avec évidence que les Principes innés et générateurs des corps engendrent et produisent la substance propre de leur enveloppe corporelle.

« *Hœc verò cùm sacra sint, sacris homi-*
» *nibus demonstrantur, profanis verò nefas*
» *priùsquàm scientiæ sacris initiati fue-*
» *rint.* » (1)

Burnet, *Hippocratis Lex.*

Certes, s'il est vrai que la lumière soit faite pour tous les yeux, il l'est aussi que tous les yeux ne sont point faits pour la voir dans son éclat. Aussi, chez les anciens, ces vérités ne

---

(1) Je supprime ici la suite de la théorie des Principes générateurs, pour ne pas outrepasser les bornes que je me suis prescrites dans cette Lettre. Je la publierai à mesure que l'ordre du cours d'anatomie-physiologique l'exigera.

s'enseignaient point indiscrètement, mais dans le particulier et à ceux uniquement qui avaient fait preuve de prudence et même de sagesse. Les Maîtres d'alors voilaient même tellement la *Science* qu'ils ne craignaient pas d'induire la foule en erreur, soit par un égoïsme affreux, soit par la crainte de la profanation des secrets de la Nature........... Ils n'ont pas manqué leur but........... Mais maintenant, la philosophie, perfectionnée elle-même par l'horreur qu'inspirent les maux de l'humanité, sur laquelle influent si puissamment les erreurs des savans du monde; la philosophie, dis-je, a effacé les inclinations à la barbarie; on se lasse des études vagues et oiseuses; les systêmes absurdes qui s'étaient élevés trop précipitamment s'ensévelissent dans les ténèbres, et paraissent tendre à leur fin; et, quoique ces plantes vénéneuses aient poussé en divers lieux de profondes racines, comme elles ont jetté à la fois toute leur semence, il ne leur en reste plus pour s'accroître, ensorte qu'elles doivent s'anéantir par leur propre impuissance.

Au milieu de ces débris informes de ces colosses de l'imaginatiou, on voit paraître une classe d'Observateurs prudens et judicieux, qui, instruits par les égaremens de ceux qui les ont précédés, s'attachent à rendre leur marche plus assurée.

Il est donc probable que les Observateurs s'étant occupés encore quelque temps, des Loix des Êtres, des phénomènes célestes et terrestres, des rapports physiques de l'Homme avec tout ce qui existe, du rapprochement des Langues, du véritable sens des traditions, appercevront enfin l'immense contrée des connaissances de l'Homme, et qu'ils jouiront alors d'un système de sciences, vrai, conséquent, universel.

Placés maintenant entre des sciences qu'il faut révoquer en doute, puisqu'elles renferment évidemment des erreurs, et la vraie science que nous sommes contraints de désirer et d'attendre, nous sentons tous le devoir de ne laisser qu'entrevoir la vérité, pour la garantir du ridicule audacieux et perfide, de développer le goût des Disciples par le bel attrait du vrai, et de ne plus leur enseigner des erreurs accréditées à la place des connaissances réelles.

Vous êtes sans doute, Citoyen, du nombre

des Philosophes, qui, peu satisfaits de l'état actuel de la science, craignent toujours d'induire leurs Élèves en erreur; et vous avez dû souvent gémir de la tyrannie des réputations, dont les génies ingénus et laborieux deviennent les victimes. Témoin de votre courage à manifester votre amour du vrai; de vos défiances journalières des connaissances actuelles sur l'*Art de guérir*, je vous soumets avec confiance les témoignages de mon zèle et ma protestation formelle d'employer mes faibles talents pour vous seconder dans la recherche du vrai et dans l'instruction. Puissiez-vous ne point dédaigner mon dévoûment pour le triomphe de la Vérité!

Je vais entrer dans le détail des procédés qui me paraissent les plus propres à hâter les progrès des Élèves dans l'Art de guérir.

PLAN

D'une Didactique médicale élémentaire.

Frappé de l'insuffisance journalière des préceptes de médecine, de l'instabilité effrayante, ou plus encore, de la nullité presqu'absolue de ses principes scientifiques; jaloux enfin de contribuer à lui faire acquérir un dégré de perfection digne du Génie Français, et propre à assurer

assurer la supériorité de la Science de ma Nation, sur celle des autres peuples, j'ai également recherché à découvrir les causes des Erreurs, et les moyens de connaître la Vérité.

Après avoir constaté que la science médicale ne fait tout au plus qu'un pas vers la perfection dans un demi-siècle; et qu'elle a toujours à lutter contre mille Erreurs accréditées, même par des auteurs célèbres, et enseignées par des hommes pleins de zèle et de bonne foi, je me suis convaincu de l'avantage qu'elle retirerait d'un meilleur plan d'études, de l'emploi d'une meilleure méthode, d'un ordre plus didactique, qui, en assujetissant le Génie à recueillir tous les vrais élémens de la Science en général, le missent en état d'apprécier, par lui-même, la validité de l'instruction qu'on lui présente.

On ne peut qu'applaudir aux travaux multipliés des Professeurs d'aujourd'hui, par lesquels ils cherchent à applanir les difficultés que les Officiers de santé ne rencontrent que trop souvent dans la pratique : ce n'est point à l'ordre établi qu'il faut apporter des changemens, dont les succès ne seraient pas garantis, peut-être pas-même avoués à l'avance......... Mais le plan d'une Didactique médicale élémentaire que je propose, ne portant que sur les élémens indispensables de la Science en général, il est plutôt destiné à développer les facultés intellectuelles des Élèves, qu'à varier la forme de l'instruction actuelle. Peut-on, en effet, nier que plusieurs Élèves, pleins de courage et de zèle, très-assidus et aux visites des hôpitaux, et aux leçons ; très-adonnés à l'étude des bons ouvrages, ne soient souvent retardés dans leur marche par le défaut des connaissances préliminairement indispensables, tant pour entendre les Professeurs, comprendre les livres de médecine, que pour faire d'utiles observations aux lits des malades? Sans prétendre insister sur les glorieux avantages que les Professeurs, tant de la théorie que de la pratique médicale, retireraient par les témoignages les plus éclatans du fruit de leur instruction, il suffit de faire remarquer qu'il en résultera de bien précieux pour l'humanité.

Voici le plan d'études élémentaires que Nous nous proposons d'établir, pour servir d'introduction à l'Art de guérir, et que l'on peut suivre en même-temps que les cours publics établis. J'ai lieu d'espérer que pour alimenter mon courage à employer les moyens d'assurer les progrès de vos Élèves, vous daignerez, Citoyen, me communiquer vos vues sur ce plan, me faire connaître les rapports sous lesquels je puis le perfectionner, et en faciliter l'exécution.

TABLEAU

D'une Didactique-Médicale-élementaire.

La Didactique Médicale-élémentaire comprend :

I. La Grammaire-médicale en langues,

1°. Française,

2°. Latine,

3°. Grecque,

4°. Anglaise, comparée avec la langue Allemande.

Avec, 1°. Un Tableau des Racines celtiques qui sont les Types des Langues de l'Europe;

2°. Des Tableaux Idéogénésiques des Rapports grammaticaux de chacune de ces langues;

3°. Des Tableaux idéogénésiques des Dénominations primitives médicales, et des diverses Nomenclatures qui en sont dérivées;

4°. Un Tableau des mots dont on fait abus dans les applications médicales;

5°. Un Tableau de l'Idéogénésibilité des

Mots qui manquent pour exprimer au Naturel les Rapports des choses, qui restent innominés quoique reconnus.

II. La Logique médicale, contenant,

1°. L'exposition des caractères de la définition logique que l'on rendra facile et sûre par des Tableaux idéogénésiques, où seront logiquement ordonnés toutes les classes, les genres, les espèces, les individus, même les rapports particuliers, et leur NOMBRE pour chaque Être.

2°. L'examen raisonné des divisions reçues, dans lequel on constate leur logicité.

3°. L'examen raisonné des définitions admises, où l'on vérifie leur exactitude logique.

III. La Syntaxe médicale, à l'aide de laquelle les Élèves s'exerceront à rédiger.

1°. Les extraits des leçons publiques.

2°. Leurs Observations cliniques, avec leurs Doutes.

3°. Des sommaires ou extraits des ouvrages de Médécine.

4°. Des Tableaux comparatifs des principaux points de la doctrine actuelle, avec ceux qui leur correspondent dans l'ancienne doctrine,

5°. Des Tableaux d'Histoire cliniques, disposés par colonnes, où l'on exposera,

a. Les jours de la maladie;

b. L'âge, le sexe, la profession, la constitution, les habitudes, etc.

c. L'état des fonctions;

d. Les remèdes et leurs effets;

e. L'application des prognostics d'Hipocrate, et du jugement porté par le Médecin-Traitant.

f. La Terminaison, etc. etc.

g. L'analogie ou la dissidence de la marche qu'a tenue la Nature avec telle ou telle Opinion médicale. etc. etc. etc. Ces Tableaux ne seront faits que pour les cas qui en vaudront la peine; on sera prié d'en apporter pour tous les malades qui meurent dans l'hospice que l'on suit.

h. L'état cadavérique.

IV. Des répétitions décadaires des leçons des divers professeurs, faites d'abord par les Élèves qui, par ce moyen, s'essayeront à à mettre en évidence le fruit de leurs études, et acquérront la facilité et l'assurance nécessaires pour subir leurs examens : ces sortes de répétitions seront toujours ramenées à l'énoncé du Professeur, si elles s'en écartaient.

V. Le scepticisme fondé sur l'occultéité, pour l'intelligence, de tous les rapports matériels qu'on pose pour base de la Science.

Afin de diriger ce scepticisme, on exposera dans un Tableau sceptical tous les DOUTES qu'on peut raisonnablement élever en Médecine. Par ce moyen, on dirigera le génie naturiste vers la Physiogénésie ; on habituera les élèves à répondre à tous les POURQUOI qu'on peut demander d'après les Écrits d'Hippocrate et autres Auteurs qni ont peint les opérations de la nature, tant dans l'état sain que dans l'état malade. Tous les *Pourquoi* non-répondus seront la matière des Doutes.

On rappelle toujours, en tête de chaque Tableau sceptical, que la Nature voile les agens de ses opérations ; qu'elle seule guérit les maladies, même lorsque l'artiste croit lui ravir cette faculté, puisqu'il ne peut jamais que l'aider; que la Médecine n'atteindra à sa perfection, que lorsqu'on s'instruira avec soin des moyens que la Nature emploie, sans le secours de l'art, pour détruire par elle-même les maladies qui l'affligent; et qu'on retirera toujours de l'appréhension du mécanisme de son opération des lumières importantes et sûres, non-seulement pour secourir à coup-sûr les malades dans un état pareil, mais encore pour hâter les progrès de la vraie Médecine.

On doit espérer à cet égard que le Gouvernement, le plus éclairé de l'Europe, informé des recherches approfondies que les Élèves en Médecine feront en Physiogénésie; décernera un prix d'encouragement à celui qui d'entr'eux, au jugement des Professeurs de Médecine, aura fourni le meilleur travail sur cet important objet........ On est convaincu que la religion du Gouvernement ne sera point trompée par des tentatives indiscrètes qui n'auraient pour but, en empêchant la mise en exécution de ce plan de Didactique médicale, que d'avilir les savans de ce siècle aux yeux de ceux du siècle prochain.

DÉVELOPPEMENT

Du plan de Didactique médicale élémentaire.

1. Grammaire. Cette Science est celle des Mots; elle en règle la signification précise et l'usage régulier. « Les mots sont le lien des So-

» ciétés, le véhicule des lumières, la base des » Sciences, les dépositaires des découvertes » d'une Nation, de son savoir, de sa politesse » et de ses idées; la connaissance des mots est » donc indispensable pour acquérir (*ou au-moins pour manifester que l'on possède*) celle » des choses. » *Dict. étimolog. de* COURT *de* GÉBELIN; 5e. *Livraison.*

Si l'on voulait se mettre à-même de juger, sans partialité, du plus de savoir de deux compétiteurs, il suffirait de faire expliquer par l'un et par l'autre tous les mots que renfermerait un Dictionnaire exact.

Toute Langue est l'enveloppe, matérielle, verbale ou écrite de nos idées; laquelle nous en facilite le commerce......... Mais, le Principe intellectuel humain, n'étant qu'un milieu immatériel à travers lequel les idées se manifestent, peut rarement les transmettre sans aucune inexactitude et même sans erreur. Car, indépendanment qu'il en reçoit souvent d'une source impure, il faudrait 1°. qu'il acquît toujours une perception complette de chaque chose; 2°. qu'il la rendît sans y rien mélanger de ses préventions; 3°. qu'il modifiât toujours spécifiquement les enveloppes de ses idées pour se garantir du danger de l'équivocité ; et 4°. enfin, qu'il se conformât à la visibilité, à l'auditivité et à l'intellectivité de ses semblables, sur lesquels il réfléchit ou concentre les rayons de la Vérité.

La nature intellectuelle est la même chez tous les Peuples ; le Principe Pensant est identique chez tous les Individus. Le langage, ainsi que le costume et les usages particuliers, apportent entr'eux peu de différence aux yeux du Philosophe qui sait approfondir. L'Homme avide de s'instruire s'occupe à connaître le langage de chaque Peuple, qui n'est que son costume idéal; il parvient bientôt à en revêtir ses propres pensées, et réunissant en lui toutes les diverses apparences des Peuples, il se rend conforme à leur universalité.

L'avantage inappréciable d'entendre et de comparer le génie des langues, l'est éminemment, pour assurer ses progrès dans la science physiogénésique, qui est la base de toutes les sciences naturelles, ou de la vraie Science. Avec ce secours, on consulte les mânes des savans de l'antiquité ; on vérifie chez eux la justesse de ses propres perceptions, et si l'on reconnaît qu'ils nous aient surpassés, on adopte leur idiome.

Le travail auquel on s'adonne pour reconnaître les choses par la science des mots qui les signifient, est bien propre à prolonger le tems de la vie, par rapport au temps qu'exige l'étude de la Médecine.

En effet, vous avez démontré, Citoyen, que la vie n'était courte, par rapport à l'art *de guérir*, que parce qu'elle ne suffisait pas pour observer tous les phénomènes naturels dont la Théorie peut être conçue en peu d'années. Mais il est clair qu'en connaissant les mots de tous les Peuples, qu'en en constatant la signification précise, on saisit leurs mêmes observations que l'on confirme ou que l'on dément, et qu'après les avoir bientôt égalés, on ne tarde pas à les surpasser; parce que la Nature, s'efforçant graduellement à se dévoiler à nos yeux, devient journellement de plus en plus manifeste par les regrets dont elle accompagne toujours les erreurs séduisantes qui n'ont fixé que les Hommes négligens à la prendre pour guide.

C'est d'après ces faits incontestables que nous

devons nous adonner à l'étude des Langues dont les Peuples éclairés ont fait et font actuellement usage.

On ne disconviendra pas, en France, de la nécessité d'étudier la Langue Française pour arriver à la connaissance des rapports grammaticaux des autres langues.

Les connaissances élémentaires du Latin et du Grec sont reconnues indispensables pour se faire une idée exacte de la Technologie médicale; c'est-à-dire, du *Tact* médical intellectuel: comprendre les Ouvrages écrits dans ces deux langues, et les traduire en Français, seront les résultats de nos Leçons de Grammaire toujours comparée.

Quant à la Langue Anglaise, qu'on sera peut-être surpris de voir mise au rang des parties nécessaires de l'instruction médicale, il ne suffira point de dire qu'étant en elle-même l'idiome le plus pauvre, elle est devenue une des langues les plus riches par le génie (c'est-à-dire, par la gêne sentie) des Habitans de l'Angleterre, qui n'ayant pas le temps ni les occasions d'observer la Nature dans tous les points du Globe, ont recueilli et anglicisé tous les mots des autres Peuples, qui signifiaient des rapports qui leur étaient inconnus ; nous découvrirons d'autresmotifs. Mais nous pouvons légitimer le premier en rapportant les paroles du philologue BAILEY, qui dit, dans l'introduction de son Dictionnaire Universel étimologique.......................... « Such Helps » (*Dictionnaries*) have been thought useful » in all civilized Nations, they appear more » eminently necessary in the English Tongue, » not only because it is, perhaps, the most » copious Language of any in *Europe*, but it » likewise made up of so great a Variety of » other Languages, both Ancient and Mo- » dern........... » *c'est-à-dire*, de semblables secours, (des *Dictionnaires*,) ont été cru utiles dans toutes les Nations policées; ils paraissent encore plus nécessaires dans la Langue Anglaise, non pas seulement parce qu'elle est, peut-être, la plus riche de toutes les Langues de l'Europe, mais parce qu'elle n'est que le résultat des autres Langues tant anciennes que modernes..........

Bailey reconnaît trois causes de cette Métalogie de toutes les langues dans la langue anglaise ; 1°. les migrations et les conquêtes, qui ont à la longue confondu les langues des conquérans et des vaincus; 2°. le commerce, et 3°. le prix et l'importance de chaque langue en particulier qui avoient décidé ses compatriotes à imiter telle ou telle langue comme plus savante, plus élégante, plus riche ou plus expressive. En sorte qu'il est certain qu'en s'appropriant rapidement ces amas de connaissances pillées, nous en retirerons de brillans avantages.

Parmi les autres motifs bien fondés d'annexer la connaissance de l'anglais à la Didactique médicale, nous ne citerons que les deux suivans: 1°. on connaît la rivalité que cette nation a conçu contre toutes les autres, tant par rapport à l'ambition du SAVOIR, qu'à celle de la Domination: nous atténuerons ses facultés en les rendant générales et vulgaires. 2°. quoique la nation anglaise n'ait pu se former des mots spécifiques pour exprimer les rapports des choses, elle a souvent mieux réussi que nous: les anglais appellent encore aujourd'hui PHYSICIENS les personnes qui se dévouent à donner leurs soins aux malades; tandisque nous les appelons Médecins, c'est-à-dire guérisseurs, malgré que l'expérience démente journellement l'abus de ce mot.

Après le tableau analytique des significations syllabaires de toutes les langues de l'Europe, que nous présentent les racines celtiques, nous exposerons des tableaux idéogénésiques sur toutes les parties de la grammaire médicale; ces tableaux consisteront à réunir l'expression et la succession des rapports de chaque Être, de chaque espèce, de chaque genre etc. C'est ainsi qu'on s'acheminera vers la logique.

Il est à remarquer que pour assurer les succès de ma méthode grammaticale, je viens de publier un Abrégé de la grammaire, auquel je joins des tableaux généalogiques de tous les rapports de cette science.

II. La Logique, si nécessaire dans la Didactique médicale, ne ressemblera point à ce galimathias scholastique, qu'on nous forçait de balbutier dans les anciens collèges. Je ne regarde cette science nécessaire, qu'autant qu'elle nous fera connaître les vrais rapports innés et essentiels de chaque chose, savoir, 1°. le *Nombre* caractéristique qui est le dépositaire des propriétés des Êtres, 2°. la *Mesure* de leur propriétés, qui en détermine le rang, et l'étendue; 3°. enfin le *Poids*, qui exprime les effets de leur application actuelle.

Avant d'arriver à la connaissance évidente de la vraie *Mesure* ou de l'étendue déterminée de la médecine, de son *Poids*, ou de son importance réelle; et de son vrai nombre, ou de ses propriétés physiques, nous avons reconnu qu'à défaut de celui-ci il ne laisse pas d'être très-précieux pour la bonne Didactique d'en nombrer tous les élémens, soit naturels ou artificiels. Par ce moyen on parviendra d'abord à connaître non-seulement le nombre des rapports multipliés que présente la science médicale; mais encore à les classer tous dans la mémoire avec un ordre d'autant plus technique qu'il sera successif et numéral.

. . . . Il n'est pas un Élève qui n'ait acquis la preuve de la grande facilité que lui donne la distribution numérative de ses connaissances, quand il veut se les rappeller. Que l'on juge donc des immenses ressources pour la mémoire et pour la clarté des idées, que présenteront des Tableaux numératifs de toutes les parties de la Médecine! La Didactique médicale exposée dans un ordre numéral deviendra plus facile et plus sûre.

Les Tableaux didactiques et numériques des connaissances médicales acquises, ou à acquérir, réuniront tous les rapports sur lesquels reposent ces connaissances; destinés à en offrir le *Nombre* et la liaison, sous la forme la plus abrégée, la plus distincte et la plus propre à les faire servir d'une Mémoire Artificielle, ils seront comme le *Squelette* régulier de la science médicale, dont toutes les parties réunies entr'elles dans une dépendance naturelle, serviront toujours de points d'attache à toutes les découvertes auxquelles l'Étude et la Pratique nous conduiront.

III. La Syntaxe médicale est le meilleur mode à employer pour exercer les facultés, préciser des faits de pratique, conciser des mémoires consultatifs, et à composer les Ouvrages qui nous manquent encore en Médecine........ Cette Syntaxe est aussi le meilleur moyen d'activer les travaux de l'École Didactique en ce qu'au lieu d'exiger des Professeurs qui *fassent* la science, les Élèves en seront eux-mêmes les Cultivateurs laborieux... Chacun d'eux choisira le sujet de son occupation; il déposera dans cette école *primaire* le tableau de son travail, qui sera examiné, corrigé, approuvé par les Instituteurs et copié par chaque Élève, ensorte que, réunis en certain nombre, ils s'établiront eux-mêmes un foyer de lumières qui éclairera tous leurs pas et leur fera abréger le temps de leurs études, en en garantissant le succès. Les autres parties du plan paraissent maintenant assez expliquées par elles-mêmes.

Sans doute que pour l'établissement de cette école primaire en médecine, il me faut plus que des ressources personnelles. On fera connaître par la suite tous les moyens qui seront employés pour en garantir la réussite. En attendant qu'il soit donné suite aux idées insérées dans cette lettre, j'offre de répondre à toutes les remarques judicieuses que l'on voudra bien m'adresser, *franc de port*; et en promettant de reconnaître que je me fusse trompé, si il y avait lieu; j'assure également de faire savoir au public quels auront été les jugemens que l'on aura portés sur cette lettre dont le motif est clairement énoncé sur le *versò* du titre.

Si dans ce plan de Didactique médicale,

vous reconnaissez, Citoyen des analogies avec l'ordre méthodique que vous vous êtes proposé de suivre, il doit vous être agréable de m'indiquer les moyens de les rendre conformes; car je ne vous dissimule point que je désirerais ne présenter au public l'ensemble de la physiogénésie qu'après avoir au préalable obtenu de vous et de vos collégues un assentiment à ce plan de Didactique médicale, qui en sera le véhicule.

Votre urbanité m'a inspiré de vous addresser cette lettre; veuillez plutôt en considérer le but que la forme; elle m'aura au-moins servi à vous transmettre les sentimens d'estime et de respect avec lesquels je suis bien sincèrement, d'intention, votre coopérateur en Didactique,

MARRE.

Paris, ce Vendémiaire, an 7.

POST-SCRIPTA. SI la VÉRITÉ n'avait point d'attrait pour l'Homme ;.... Si elle ne lui faisait pas naître le désir de la connaître ;.... Si les malheurs publics et les malheurs publics et les maux individuels ne provenaient point toujours des Erreurs passées ou présentes ;.... Si les Erreurs actuelles ne présageaient point des calamités futures ;........ Si l'enchaînement des erreurs et des tourmens qu'elles amènent n'étaient pas intimement liés ;... Si l'on n'avait point l'expérience que les fléaux sont d'autant plus assurés et prochains, que l'ERRORISME a été fortement voulu, généralement consenti, et, malheureusement, victorieux ;.... Si, dans ma pensée, il ne devait pas y avoir un terme, et à l'illusibilité humaine et à ses calamités proprement culpatives ;.... Si je n'étais convaincu de la puissance qu'a la vérité de nous ramener à elle, par la douleur même qui est attachée à nos méprises ;.... Si je n'étais persuadé que tout homme n'est placé sur la terre que pour s'opposer aux causes du Mal, et pour féconder toutes les causes du Bien ;.... Si je n'avais point calculé les rapports qui existent entre TOUTE L'HUMANITÉ SOUFFRANTE, LE GRAND NOMBRE DES SERVITEURS ZÉLÉS *qui veulent adoucir ou terminer ses maux*, et le petit nombre des Instituteurs *favorisés par les Préjugés*, aurait-il été nécessaire de rappeller à la NATURE ceux de nos semblables qui ont besoin d'en être les Ministres ?

Si, malgré les immenses découvertes dans les formes et dans les résultats des formes de la matière, soit mécaniquement, soit chymiquement, soit magnétiquement considérés, il n'appert encore aucune évidence sur le mode vital des êtres organisés, lequel nous intéresse essentiellement ;.... Si l'occultéité la plus ténébreuse voile encore, à notre INTELLIGENCE, le QUOMODÒ de ce mode, tandisque notre amour de la VIE nous porte, comme malgré nous, à le connaître ;.... S'il est facile de démontrer que L'ERRORISME provient uniquement de ce que l'on ne s'est attaché qu'aux formes ou apparences matérielles, tandisqu'on a négligé de faire usage des yeux intellectuels, qui ne s'arrêtent que sur la VÉRITÉ ;.... Si on a senti que pour remplir toutes les lacunes de la Science sur la nature des corps organisés, on était forcé de suivre les erres telles-quelles des divers FORMISTES, comme Leuwenhoock, etc. refusera-t-on à faire gloire d'avoir eu le courage de fuir leurs sentiers pénibles et décevans ?

Si tout homme ayant su distinguer sa faculté intellective, de sa faculté sensitive, a pu découvrir que le domaine de celle-ci ne s'étend qu'à l'appréhension apparente et diversimodiée des formes de la Matière, tandisque l'intelligence peut, doit et veut connaître les Mobiles cachés de ces formes; si l'ERRORISME général et l'ignorance la plus humiliante à l'égard de ces Mobiles, d'autant plus puissamment déterminants des formes, qu'ils en sont les uniques générateurs, ne sont que les conséquences nécessaires du seul usage de la faculté sensitive;... Si, parmi les HOMMES qui s'adonnent à la recherche de la Vérité, ou parmi ceux que le GOUVERNEMENT charge de cette sublime fonction, il s'en rencontre d'assez courageux, d'assez clairvoyants dans l'avenir;.. S'il paraît aujourd'hui avantageux de pénétrer dans l'occultéité scientifique actuelle, quelle gloire! quelle reconnaissance sera due par la Postérité à tous ceux qui auront contribué au triomphe de la VÉRITÉ!

Si, enfin, il ne s'agissait que d'éclairer la génération présente;.... Si nous n'avions point dans les Élèves de dignes successeurs pour fournir la carrière que nous pouvons ouvrir à leurs recherches;.... Si nous n'étions point encouragés et nécessités même par leur propre zèle, et par leurs besoins d'une bonne direction dans leurs travaux ;.... S'ils ne se destinaient pas tous à sacrifier leurs loisirs pour faire dominer le Génie *National*-Républicain sur celui des peuples asservis ;..... Si la destinée de la France n'était pas, à mes yeux, de préexceller par son Génie National, nous ne pourrions légitimer nos efforts réciproques : les Mécaniciens et Chymistes, en possession d'une science sensitive peuvent journellement perfectionner leurs instrumens didactiques matériels, mais ils ont un terme dans leurs appréhensions formelles ; ou, s'ils désirent l'éloigner, il leur est facile, en se servant de leur faculté intellectuelle pour faire pressentir, sans le définir, quel est le champ qu'il leur reste à parcourir pour l'atteindre, avant de rencontrer le PRINCIPE générateur, producteur, efficient des formes qu'ils ont apperçues : les Physiogénésiens, au contraire, n'emploient que leur intelligence, écartent toutes les apparences matérielles qui peuvent les décevoir, cherchent par la contemplation, quelles peuvent être les causes et de la matière et de ses diverses formes, propriétés, etc. C'est ici, et dans le vrai sens, où l'on doit concevoir que :

Ibi incipit Medicus, ubi desinit Physicus, materialiter judicans.

De l'Imprimerie d'EVERAT, rue Montorgueil, n°. 3.

www.ingramcontent.com/pod-product-compliance
Ingram Content Group UK Ltd.
Pitfield, Milton Keynes, MK11 3LW, UK
UKHW021312190726
13839UKWH00007B/1180